全国计算机技术与软件专业技术资格(水平)考试指定用书

系统分析师考试大纲

全国计算机专业技术资格考试办公室　编

U0299223

清华大学出版社
北京

内 容 简 介

本书是全国计算机专业技术资格考试办公室编写的系统分析师考试大纲（2024年审定通过）。本书还包括人力资源和社会保障部、工业和信息化部的有关文件以及考试简介。

系统分析师考试大纲是针对全国计算机技术与软件专业技术资格（水平）考试的高级资格制定的。通过本考试的考生，可被用人单位择优聘任为高级工程师。

版权所有，侵权必究。举报：010-62782989，beiqinquan@tup.tsinghua.edu.cn。

图书在版编目(CIP)数据

系统分析师考试大纲 / 全国计算机专业技术资格考试办公室编.
北京 ：清华大学出版社, 2024. 8. -- (全国计算机技术与软件专业技术资格（水平）考试指定用书). -- ISBN 978-7-302-67065-0

Ⅰ. TP311.5

中国国家版本馆 CIP 数据核字第 20242GM570 号

责任编辑：杨如林
封面设计：杨玉兰
责任校对：胡伟民
责任印制：杨　艳

出版发行：清华大学出版社
　　　　网　　　址：https://www.tup.com.cn，https://www.wqxuetang.com
　　　　地　　　址：北京清华大学学研大厦 A 座　　邮　　编：100084
　　　　社 总 机：010-83470000　　　　　　　　邮　　购：010-62786544
　　　　投稿与读者服务：010-62776969，c-service@tup.tsinghua.edu.cn
　　　　质量反馈：010-62772015，zhiliang@tup.tsinghua.edu.cn
印 装 者：大厂回族自治县彩虹印刷有限公司
经　　销：全国新华书店
开　　本：130mm×185mm　　印　张：2.625　　字　数：65 千字
版　　次：2024 年 10 月第 1 版　　　印　次：2024 年 10 月第 1 次印刷
定　　价：15.00 元

产品编号：091902-01

前　　言

　　全国计算机技术与软件专业技术资格（水平）考试（以下简称"计算机软件考试"）是国家人力资源和社会保障部、工业和信息化部联合组织实施的专业技术资格考试，其目的是科学、公正地对全国计算机技术与软件专业技术人员进行职业资格和专业技术水平测试。计算机软件考试包括了计算机软件、计算机网络、计算机应用技术、信息系统、信息服务 5 个专业领域，初级资格（技术员/助理工程师）、中级资格（工程师）、高级资格（高级工程师）3 个级别层次以及 27 个专业技术资格。根据信息技术产业发展迅速及信息技术人才年轻化的特点，为了不拘一格选拔人才，报考计算机软件考试不限学历与资历条件。

　　目前，软件设计师、程序员、网络工程师、数据库系统工程师、系统分析师、系统架构设计师和信息系统项目管理师考试标准实现了中国与日本互认，程序员和软件设计师考试标准实现了中国与韩国互认。

　　计算机软件考试的考试大纲（考试标准）是由全国计算机专业技术资格考试办公室组织全国相关企业、研究所、高校的专家，通过调研大量企业的相应专业技术岗位，参考国际先进的考试标准，逐步提炼，反复讨论并达成共识，形成了专业技术人员的知识和能力与岗位相适应的考试标准。

　　参加计算机软件考试并取得相应级别资格证书，纳入全国专业技术人员职业资格证书制度统一规划，是各用人单位聘用计算机技术与软件专业系列专业技术职务的前提。通过考试获得证书的人员，表明其已具备从事相应专业岗位工作的水平和能力，用人单位可根据工作需要从获得证书的人员中择优聘任相应专业技术职务。取得初级资格可聘任技术员或助理工程师职务；取得中级资格可聘任工程师职务；取得高级资格可聘任高级工程师职务。

计算机软件考试的其他信息详见中国计算机技术职业资格网（www.ruankao.org.cn）。

编　者
2024 年 8 月

目　　录

人　事　部
信　息　产　业　部 文件

国人部发〔2003〕39 号

关于印发《计算机技术与软件专业技术资格（水平）考试暂行规定》和《计算机技术与软件专业技术资格（水平）考试实施办法》的通知

各省、自治区、直辖市人事厅（局）、信息产业厅（局），国务院各部委、各直属机构人事部门，中央管理的企业：

　　为适应国家信息化建设的需要，规范计算机技术与软件专业人才评价工作，促进计算机技术与软件专业人才队伍建设，人事部、信息产业部在总结计算机软件专业资格和水平考试实施情况的基础上，重新修订了计算机软件专业资格和水平考试有关规定。现将《计算机技术与软件专业技术资格（水平）考试暂行规定》和《计算机技术与软件专业技术资格（水平）考试实施办法》

印发给你们，请遵照执行。

自 2004 年 1 月 1 日起，人事部、原国务院电子信息系统推广应用办公室发布的《关于印发〈中国计算机软件专业技术资格和水平考试暂行规定〉的通知》（人职发〔1991〕6 号）和人事部《关于非在职人员计算机软件专业技术资格证书发放问题的通知》（人职发〔1994〕9 号）即行废止。

中华人民共和国　　中华人民共和国
人　　事　　部　　信 息 产 业 部

二〇〇三年十月十八日

计算机技术与软件专业技术
资格（水平）考试暂行规定

  第一条 为适应国家信息化建设的需要，加强计算机技术与软件专业人才队伍建设，促进我国计算机应用技术和软件产业的发展，根据国务院《振兴软件产业行动纲要》以及国家职业资格证书制度的有关规定，制定本规定。

  第二条 本规定适用于社会各界从事计算机应用技术、软件、网络、信息系统和信息服务等专业技术工作的人员。

  第三条 计算机技术与软件专业技术资格（水平）考试（以下简称计算机专业技术资格（水平）考试），纳入全国专业技术人员职业资格证书制度统一规划。

  第四条 计算机专业技术资格（水平）考试工作由人事部、信息产业部共同负责，实行全国统一大纲、统一试题、统一标准、统一证书的考试办法。

  第五条 人事部、信息产业部根据国家信息化建设和信息产业市场需求，设置并确定计算机专业技术资格（水平）考试专业类别和资格名称。

计算机专业技术资格（水平）考试级别设置：初级资格、中级资格和高级资格 3 个层次。

第六条 信息产业部负责组织专家拟订考试科目、考试大纲和命题，研究建立考试试题库，组织实施考试工作和统筹规划培训等有关工作。

第七条 人事部负责组织专家审定考试科目、考试大纲和试题，会同信息产业部对考试进行指导、监督、检查，确定合格标准。

第八条 凡遵守中华人民共和国宪法和各项法律，恪守职业道德，具有一定计算机技术应用能力的人员，均可根据本人情况，报名参加相应专业类别、级别的考试。

第九条 计算机专业技术资格（水平）考试合格者，由各省、自治区、直辖市人事部门颁发人事部统一印制，人事部、信息产业部共同用印的《中华人民共和国计算机专业技术资格（水平）证书》。该证书在全国范围有效。

第十条 通过考试并获得相应级别计算机专业技术资格（水平）证书的人员，表明其已具备从事相应专业岗位工作的水平和能力，用人单位可根据《工程技术人员职务试行条例》有关规定和工作需要，从获得计算机专业技术资格（水平）证书的人员中择优聘任相应专业技术职务。

取得初级资格可聘任技术员或助理工程师职务；取

得中级资格可聘任工程师职务；取得高级资格可聘任高级工程师职务。

第十一条 计算机专业技术资格（水平）实施全国统一考试后，不再进行计算机技术与软件相应专业和级别的专业技术职务任职资格评审工作。

第十二条 计算机专业技术资格（水平）证书实行定期登记制度，每3年登记一次。有效期满前，持证者应按有关规定到信息产业部指定的机构办理登记手续。

第十三条 申请登记的人员应具备下列条件：

（一）取得计算机专业技术资格（水平）证书；

（二）职业行为良好，无犯罪记录；

（三）身体健康，能坚持本专业岗位工作；

（四）所在单位考核合格。

再次登记的人员，还应提供接受继续教育或参加业务技术培训的证明。

第十四条 对考试作弊或利用其他手段骗取"中华人民共和国计算机专业技术资格（水平）证书"的人员，一经发现，即行取消其资格，并由发证机关收回证书。

第十五条 获准在中华人民共和国境内就业的外籍人员及港、澳、台地区的专业技术人员，可按照国家有关政策规定和程序，申请参加考试和办理登记。

第十六条 在本规定施行日前，按照《中国计算机软件专业技术资格和水平考试暂行规定》（人职发〔1991〕6号）参加考试并获得人事部印制、人事部和信息产业部共同用印的"中华人民共和国专业技术资格证书"（计算机软件初级程序员、程序员、高级程序员资格）和原中国计算机软件专业技术资格（水平）考试委员会统一印制的"计算机软件专业水平证书"的人员，其资格证书和水平证书继续有效。

第十七条　本规定自 2004 年 1 月 1 日起施行。

计算机技术与软件专业技术
资格（水平）考试实施办法

第一条 计算机技术与软件专业技术资格（水平）考试（以下简称计算机专业技术资格（水平）考试）在人事部、信息产业部的领导下进行，两部门共同成立计算机专业技术资格（水平）考试办公室（设在信息产业部），负责计算机专业技术资格（水平）考试实施和日常管理工作。

第二条 信息产业部组织成立计算机专业技术资格（水平）考试专家委员会，负责考试大纲的编写、命题、建立考试试题库。

具体考务工作由信息产业部电子教育中心（原中国计算机软件考试中心）负责。各地考试工作由当地人事行政部门和信息产业行政部门共同组织实施，具体职责分工由各地协商确定。

第三条 计算机专业技术资格（水平）考试原则上每年组织两次，在每年第二季度和第四季度举行。

第四条 根据《计算机技术与软件专业技术资格（水平）考试暂行规定》（以下简称《暂行规定》）第五

条规定，计算机专业技术资格（水平）考试划分为计算机软件、计算机网络、计算机应用技术、信息系统和信息服务 5 个专业类别，并在各专业类别中分设了高、中、初级专业资格考试，详见《计算机技术与软件专业技术资格（水平）考试专业类别、资格名称和级别层次对应表》（附后）。人事部、信息产业部将根据发展需要适时调整专业类别和资格名称。

考生可根据本人情况选择相应专业类别、级别的专业资格（水平）参加考试。

第五条 高级资格设：综合知识、案例分析和论文 3 个科目；中级、初级资格均设：基础知识和应用技术 2 个科目。

第六条 各级别考试均分 2 个半天进行。

高级资格综合知识科目考试时间为 2.5 小时，案例分析科目考试时间为 1.5 小时、论文科目考试时间为 2 小时。

初级和中级资格各科目考试时间均为 2.5 小时。

第七条 计算机专业技术资格（水平）考试根据各级别、各专业特点，采取纸笔、上机或网络等方式进行。

第八条 符合《暂行规定》第八条规定的人员，由本人提出申请，按规定携带身份证明到当地考试管理机构报名，领取准考证。凭准考证、身份证明在指定的时间、地点参加考试。

第九条 考点原则上设在地市级以上城市的大、中专院校或高考定点学校。

中央和国务院各部门所属单位的人员参加考试，实行属地化管理原则。

第十条 坚持考试与培训分开的原则，凡参与考试工作的人员，不得参加考试及与考试有关的培训。

应考人员参加培训坚持自愿的原则。

第十一条 计算机专业技术资格（水平）考试大纲由信息产业部编写和发行。任何单位和个人不得盗用信息产业部名义编写、出版各种考试用书和复习资料。

第十二条 为保证培训工作健康有序进行，由信息产业部统筹规划培训工作。承担计算机专业技术资格（水平）考试培训的机构，应具备师资、场地、设备等条件。

第十三条 计算机专业技术资格（水平）考试、登记、培训及有关项目的收费标准，须经当地价格行政部门核准，并向社会公布，接受群众监督。

第十四条 考务管理工作要严格执行考务工作的有关规章和制度，切实做好试卷的命制、印刷、发送和保管过程中的保密工作，遵守保密制度，严防泄密。

第十五条 加强对考试工作的组织管理，认真执行考试回避制度，严肃考试工作纪律和考场纪律。对弄虚作假等违反考试有关规定者，要依法处理，并追究当事人和有关领导的责任。

计算机技术与软件专业技术
资格（水平）考试
专业类别、资格名称和级别对应表

资格名称级别层次＼专业类别	计算机软件	计算机网络	计算机应用技术	信息系统	信息服务
高级资格			・信息系统项目管理师 ・系统分析师 ・系统架构设计师 ・网络规划设计师 ・系统规划与管理师		
中级资格	・软件评测师 ・软件设计师 ・软件过程能力评估师	・网络工程师	・多媒体应用设计师 ・嵌入式系统设计师 ・计算机辅助设计师 ・电子商务设计师	・系统集成项目管理工程师 ・信息系统监理师 ・信息安全工程师 ・数据库系统工程师 ・信息系统管理工程师	・计算机硬件工程师 ・信息技术支持工程师
初级资格	・程序员	・网络管理员	・多媒体应用制作技术员 ・电子商务技术员	・信息系统运行管理员	・网页制作员 ・信息处理技术员

主题词: 专业技术人员 考试 规定 办法 通知

抄送: 党中央各部门、全国人大常委会办公厅、全国政
　　　协办公厅、国务院办公厅、高法院、高检院、解
　　　放军各总部。

人事部办公厅　　　　　　　2003 年 10 月 27 日印发

全国计算机软件考试办公室文件

软考办〔2005〕1号

关于中日信息技术考试标准互认
有关事宜的通知

各地计算机软件考试实施管理机构：

为进一步加强我国信息技术人才培养和选拔的标准化，促进国际间信息技术人才的流动，推动中日两国信息技术的交流与合作，信息产业部电子教育中心与日本信息处理技术人员考试中心，分别受信息产业部、人事部和日本经济产业省委托，就中国计算机技术与软件专业技术资格（水平）考试与日本信息处理技术人员考试（以下简称中日信息技术考试）的考试标准，于2005年3月3日再次签署了《关于中日信息技术考试标准互认的协议》，在2002年签署的互认协议的基础上增加了网络工程师和数据库系统工程师的互认。现就中日信息技术考试标准互认中的有关事宜内容通知如下：

一、中日信息技术考试标准互认的级别如下：

中国的考试级别 （考试大纲）	日本的考试级别 （技能标准）
系统分析师	系统分析师 项目经理 应用系统开发师
软件设计师	软件开发师
网络工程师	网络系统工程师
数据库系统工程师	数据库系统工程师
程序员	基本信息技术师

二、采取灵活多样的方式，加强对中日信息技术考试标准互认的宣传，不断扩大考试规模，培养和选拔更多的信息技术人才，以适应日益增长的社会需求。

三、根据国内外信息技术的迅速发展，继续加强考试标准的研究与更新，提高考试质量，进一步树立考试的品牌。

四、鼓励相关企业以及研究、教育机构，充分利用中日信息技术考试标准互认的新形势，拓宽信息技术领域国际交流合作的渠道，开展多种形式的国际交流与合作活动，发展对日软件出口。

五、以中日互认的考试标准为参考，引导信息技术领域的职业教育、继续教育改革，使其适应新形势下的职业岗位实际工作要求。

二〇〇五年三月八日

全国计算机软件考试办公室文件

软考办〔2006〕2号

关于中韩信息技术考试标准互认的通知

各地计算机软件考试实施管理机构：

为进一步加强我国信息技术人才培养和选拔的标准化，促进国际间信息技术人才的流动，推动中韩两国信息技术的交流与合作，信息产业部电子教育中心与韩国人力资源开发服务中心，分别受中国信息产业部、人事部和韩国信息与通信部委托，就中国计算机技术与软件专业技术资格（水平）考试与韩国信息处理技术人员考试（以下简称中韩信息技术考试）的考试标准，于2006年1月19日签署了《关于中韩信息技术考试标准互认的协议》。现就有关事项通知如下：

一、中韩信息技术考试标准互认的级别如下：

中国的考试级别（考试大纲）	韩国的考试级别（技能标准）
软件设计师	信息处理工程师
程序员	信息处理产业工程师

二、应采取灵活多样的方式，加强对中韩信息技术考试标准互认的宣传，不断扩大考试规模，培养和选拔更多的信息技术人才，以适应日益增长的社会需求。

三、应根据国内外信息技术的高速发展，继续加强考试标准的研究与更新，提高考试质量，进一步树立考试的品牌。

四、应鼓励相关企业以及研究、教育机构，充分利用中韩信息技术考试标准互认的新形势，拓宽信息技术领域国际交流与合作的渠道，开展多种形式的国际交流与合作活动。

五、以中韩互认的考试标准为参考，积极引导信息技术领域的职业教育与继续教育改革，使其适应新形势下的职业岗位实际工作要求。

计算机技术与软件专业技术资格（水平）考试办公室
二〇〇六年二月二十八日

系统分析师考试大纲

一、考 试 说 明

1. 考试目标

通过本考试的合格人员应熟悉应用领域的业务，能分析用户的需求和约束条件，写出信息系统需求规格说明书，制订项目开发计划，协调信息系统开发与运行所涉及的各类人员；能指导制定企业的战略数据规划，组织开发信息系统；能评估和选用适宜的开发方法和工具；能按照标准规范编写系统分析、设计文档；能对开发过程进行质量控制与进度控制；能具体指导项目开发；具有高级工程师的实际工作能力和业务水平。

2. 考试要求

（1）掌握计算机系统的基础知识；

（2）掌握开发信息系统所需的综合技术知识（硬件、软件、网络、数据库等）；

（3）熟悉企业或政府信息化建设，并掌握组织信息化战略规划的知识；

（4）熟练掌握信息系统的开发过程和方法；

（5）熟悉信息系统的开发标准；

（6）掌握信息安全的相关知识与技术；

（7）熟悉信息系统项目管理的知识与方法；

（8）掌握应用数学、经济与管理的相关基础知识，熟悉有关的法律法规；

（9）熟练阅读和正确理解相关领域的英文文献。

3．考试科目设置及考试方式

（1）系统分析师综合知识，计算机化考试；

（2）系统分析师案例分析，计算机化考试；

（3）系统分析师论文，计算机化考试。

二、考 试 范 围

考试科目1：系统分析师综合知识

1．计算机系统基础知识

1.1　计算机系统概述

1.1.1　计算机系统层次结构

● 硬件层、系统层、应用层

1.1.2　计算机系统硬件组成

● 冯·诺依曼计算机结构

1.1.3　计算机软件

● 系统软件、应用软件

1.2　存储器系统

1.2.1　主存储器

● RAM、ROM

1.2.2　辅助存储器

- 磁带存储器
- 硬盘存储器
- 磁盘阵列
- 光盘存储器

1.2.3　高速缓冲存储器

- Cache 基本原理
- 映射机制
- 替换算法
- 写操作

1.2.4　网络存储技术

- 直接附加存储
- 网络附加存储
- 存储区域网络

1.2.5　虚拟存储技术

- 虚拟存储的分类
- 虚拟存储的实现方式
- 虚拟存储的特点

1.3　输入输出系统

1.3.1　输入输出工作方式

- 程序控制方式
- 程序中断方式
- DMA 工作方式
- 通道方式
- I/O 处理机

1.3.2　总线

- 磁盘调度

1.6.5　文件管理

- 文件的组织结构
- 文件目录
- 文件存储空间的管理
- 文件的共享和保护
- 文件系统的安全与可靠性

1.6.6　作业与用户界面

- 作业的基本概念
- 作业调度
- 用户界面

1.6.7　国产操作系统

- 有代表性的国产操作系统

2. 计算机网络与分布式系统

2.1　计算机网络基础

2.1.1　数据通信基础

- 信道带宽和奈奎斯特定理
- 误码率
- 信道延迟

2.1.2　数据编码

- 模拟数据编码
- 数字数据编码

2.1.3　差错控制

- 奇偶校验检错码
- 海明码
- 循环冗余校验码

- Web 服务的技术平台
- 实施 Web 服务的领域
2.8 云计算
- 云计算相关概念
- 云计算的服务方式
- 云计算的发展历程
- 云计算的部署模式

3. 数据库系统基础知识

3.1 数据库管理系统

3.1.1 概述

- 数据库管理系统（DBMS）

3.1.2 三级模式

- 三级模式结构
- 两级独立性

3.1.3 数据模型

- 层次模型
- 网状模型
- 关系模型
- 面向对象模型

3.2 关系数据库

3.2.1 关系的基本概念

- 关系数据库的基本术语

3.2.2 关系模型

- 关系运算
- 元组演算

3.2.3 规范化理论

- 函数依赖与键
- 范式
- 关系模式分解

3.3 数据库控制功能

3.3.1 并发控制

- 事务的基本概念
- 数据不一致问题
- 封锁协议
- 死锁问题

3.3.2 数据库的完整性

- 完整性约束条件
- 实体完整性
- 参照完整性
- 用户定义的完整性
- 触发器

3.3.3 数据库的安全性

- 用户标识和鉴别
- 数据授权
- 视图
- 审计与跟踪

3.3.4 备份与恢复技术

- 物理备份
- 逻辑备份
- 日志文件
- 数据恢复

3.3.5 数据库性能优化

6.6.3 质量保证与质量控制

- 质量保证
- 质量控制
- 质量保证与质量控制的关系

6.7 人力资源管理

6.7.1 编制人力资源计划

- 组织结构图
- 责任分配矩阵

6.7.2 组建项目团队

- 组建项目团队的任务和组建过程

6.7.3 项目团队建设

- 形成期、震荡期、正规期、表现期

6.7.4 管理项目团队

- 资源负荷、资源平衡

6.7.5 沟通管理

- 正式沟通与非正式沟通

6.8 风险管理

6.8.1 风险管理的概念

- 风险的定义和基本属性

6.8.2 风险管理的过程

- 风险管理计划编制
- 风险识别
- 风险定性分析
- 风险定量分析
- 风险应对计划编制

- 风险监控

6.9 信息（文档）管理

6.9.1 软件文档标准

- GB/T 8567—2006

6.9.2 数据需求说明

- 数据需求说明内容

6.9.3 技术报告

- 技术报告内容

6.9.4 项目开发总结报告

- 项目开发总结报告内容

7. 信息安全

7.1 信息系统安全体系

- 系统安全分类
- 系统安全体系结构
- 安全保护等级
- 系统安全保障系统

7.2 数据安全与保密

7.2.1 数据加密技术

- 对称加密算法
- 非对称加密算法

7.2.2 认证技术

- 数字签名
- 数字签名算法
- 数字证书
- 身份认证

8.2　项目的提出与选择

　8.2.1　项目的立项目标和动机

　　● 进行基础研究

　　● 进行应用研发

　　● 提供技术服务

　　● 产品的使用者

　8.2.2　项目立项的价值判断

　　● 价值判断方法

　8.2.3　项目的选择和确定

　　● 选择有核心价值的项目

　　● 评估所选择的项目

　　● 项目优先级排序

　　● 评估项目的多种实施方式

　　● 平衡地选择合适的方案

8.3　系统分析概述

　　● 系统分析的任务

　　● 系统分析的难点

8.4　问题分析

　8.4.1　研究问题的领域

　　● 上下文图

　8.4.2　分析问题和机会

　　● 因果分析

　8.4.3　制定系统改进目标

　　● 系统改进目标

　8.4.4　汇报调查结果和建议

9.2.2　问卷调查

- 问卷调查的优点
- 问卷调查的不足

9.2.3　采样

- 采样的定义
- 采样的分类
- 采样技术的优点
- 采样技术的不足

9.2.4　情节串联板

- 情节串联板的概念
- 情节串联板的类型
- 情节串联板的优缺点

9.2.5　联合需求计划

- 联合应用开发
- JRP 会议
- 主要原则

9.2.6　需求记录技术

- 任务卡片
- 场景说明
- 用户故事
- Volere 白卡

9.3　需求分析

9.3.1　需求分析的任务

- 需求分析的目标

9.3.2　需求分析的方法

- PDOA 方法

10. 软件架构设计

10.1 软件架构概述

- 软件架构的意义
- 软件架构的发展史

10.2 软件架构建模

- 软件架构模型
- "4+1"视图模型

10.3 软件架构风格

10.3.1 软件架构风格概述

- 软件架构风格的概念

10.3.2 数据流体系结构风格

- 批处理体系结构风格
- 管道-过滤器体系结构风格

10.3.3 调用/返回体系结构风格

- 主程序/子程序风格
- 面向对象体系结构风格
- 层次型体系结构风格
- 客户端/服务器体系结构风格

10.3.4 以数据为中心的体系结构风格

- 仓库体系结构风格
- 黑板体系结构风格

10.3.5 虚拟机体系结构风格

- 解释器体系结构风格
- 规则系统体系结构风格

10.3.6 独立构件体系结构风格

11.4.3　面向对象设计的原则

- 开闭原则
- 里氏替换原则
- 依赖倒置原则
- 组合/聚合复用原则
- 接口隔离原则
- 最少知识原则

11.5　设计模式

11.5.1　设计模式概述

- 软件模式与设计模式
- 设计模式的关键元素

11.5.2　设计模式分类

- 创建型模式
- 结构型模式
- 行为型模式

11.6　输入/输出原型设计

11.6.1　输入设计

- 确定输入数据的类型和格式
- 确定输入数据的来源
- 设计良好的输入界面
- 设计系统输入验证机制
- 设计输入处理流程
- 设计输入存储方案
- 设计输入安全机制

11.6.2　输出设计

- 确定输出内容

- 适当地使用动画效果
- 适当地使用新理念和新技术

12. 软件实现与测试

12.1 软件实现概述

12.1.1 程序设计方法

- 结构化程序设计
- 面向对象程序设计
- 可视化程序设计

12.1.2 程序设计语言与风格

- 程序语言的选择
- 程序设计的风格

12.1.3 编码规范

- 编码规范的重要性
- 编码规范的制定角度
- 常见的编码规范

12.1.4 代码生成

- 代码生成的实现步骤

12.1.5 代码重用

- 代码重用的层次
- 实现代码重用的方法

12.2 软件测试概述

12.2.1 软件测试的概念

12.2.2 软件测试的基本问题

12.2.3 软件测试的对象及目的

12.2.4 软件测试的原则

12.3 软件测试方法

12.3.1 按照被测程序是否可见分类

- 黑盒测试
- 白盒测试
- 灰盒测试

12.3.2 按照是否需要执行被测程序分类

- 静态测试
- 动态测试

12.3.3 自动化测试

- 自动化测试方法

12.4 软件测试类型

12.4.1 按测试对象划分

- 功能测试
- 性能测试
- 安全测试
- 兼容性测试
- 界面测试
- 易用性测试
- 稳定性测试

12.4.2 按测试阶段划分

- 单元测试
- 集成测试
- 系统测试
- 验收测试

12.4.3 按被测软件划分

- App 测试

- 环境准备
- 软件安装
- 数据库和文件配置
- 测试和验证

13. 系统运行与维护

13.1 运维技术指标

- 平均维修时间（MTTR）
- 平均故障间隔时间（MTBF）
- 平均无故障时间（MTTF）
- 平均应答时间（MTTA）

13.2 系统运行管理

13.2.1 系统用户管理

- 统一用户管理
- 身份认证的方法
- 用户安全审计

13.2.2 网络资源管理

- 网络资源管理的功能
- 网络资源管理系统

13.2.3 软件资源管理

- 软件构件管理
- 软件分发管理
- 文档管理

13.3 系统故障管理

13.3.1 故障监视

- 设置待监视项目
- 监视的内容和方法

- 系统扩展
- 扩展与集成的比较

14. 开源软件开发与应用
- 开源社区、开源项目和开源许可协议
- 编程语言和开源平台
- 开源框架和库
- 开源服务器软件
- 开源软件开发工具
- 开源桌面应用软件
- 开源软件的评估

15. 标准化与知识产权
- 标准化意识、标准化的发展和标准的生命周期
- 国际标准、国家标准、国家军用标准、行业标准、地方标准和企业标准
- 代码标准、文件格式标准、安全标准、软件开发规范和文档标准
- 标准化机构
- 知识产权（专利和著作权）

16. 经济、管理等相关知识
- 企业法律制度
- 会计常识
- 财务成本管理实务
- 现代企业组织结构
- 人力资源管理
- 企业文化管理
- IT 审计的相关常识（审计标准、实施和审计

报告）

17. **数学与工程基础**
- 数学统计基础
- 图论应用
- 预测与决策
- 数学建模
- 工程伦理

18. **专业英语**
- 具有高级工程师所要求的英文阅读水平
- 掌握本领域的英语术语

考试科目 2：系统分析师案例分析

1. Web 应用系统分析与设计

1.1 Web 应用系统
- Web 应用程序及其主要特征

1.2 Web 应用架构设计
- Web 应用架构设计原则
- Web 应用架构分类
- Web 应用架构模式

1.3 Web 应用开发框架
- 开发框架简介
- Java EE 开发框架
- .NET 开发框架
- Web 层开发框架

1.4 Web 应用系统开发
- Web 应用系统通信协议

6. 信息物理系统分析与设计

6.1 信息物理系统概述

- 物联网简介
- CPS 简介
- CPS 与物联网关系

6.2 信息物理系统架构

- CPS 分层架构
- CPS 典型系统构成
- CPS 功能特点

6.3 信息物理系统技术框架

- CPS 技术概述
- CPS 核心技术
- CPS 支撑技术
- 协议标准

6.4 信息物理系统开发技术

- 感知和控制相关技术
- 工业软件相关技术
- 网络相关技术
- 服务平台相关技术

6.5 控制系统与网络通信

- 自动控制系统行为模式
- 控制系统通信要求
- 控制系统类型和通信模式之间的关系

6.6 CPS 应用分析与设计

- 工业设计系统
- 生产制造系统

- 产品服务系统
- 产业链协同系统

考试科目 3：系统分析师论文

根据给出的与系统分析与设计有关的若干个专题，选择其中一个专题，按照规定的要求撰写论文。

1. 信息系统开发及应用

- 系统计划和分析
- 需求工程
- 系统测试
- 系统维护
- 项目管理
- 质量保证
- 面向对象技术
- 计算机辅助软件工程
- 软件过程改进实践
- 实时系统的开发
- 应用系统分析与设计
- 软件产品线分析与设计

2. 数据库建模及应用

- 数据管理
- 数据库分析
- 数据库建模
- 数据库管理
- 数据库应用
- 数据仓库

- 数据挖掘

3. **网络规划及应用**
   - 网络规划
   - 网络优化
   - 网络配置
   - 网络部署
   - 网络实施

4. **系统安全性分析**
   - 网络安全
   - 数据安全
   - 系统安全

5. **应用系统集成**
   - 数据集成与共享
   - 应用集成
   - 服务集成

6. **企业信息系统**
   - 电子商务和电子政务
   - 事务处理系统
   - 决策支持系统

7. **企业信息化的组织及实施**

8. **开源软件及应用**

9. **新技术及其应用**

三、题型举例

（一）选择题

需求分析是一种软件工程活动，它在系统级软件分配和软件设计间起到桥梁的作用。需求分析使得系统工程师能够刻画出软件的 __(1)__ 、指明软件和其他系统元素的接口，并建立软件必须满足的约束。需求分析是发现、求精、建模和规约的过程，包括详细地精化由系统工程师建立并在软件项目计划中精化的软件范围，创建所需数据、信息和 __(2)__ 以及操作行为的模型，此外还有分析可选择的解决方案，并将它们分配到各软件元素中去。

（1）A. 功能和性能　　　　　B. 数据和操作

　　　C. 实体和对象　　　　　D. 操作和对象

（2）A. 事件流　　　　　　　B. 消息流

　　　C. 对象流　　　　　　　D. 控制流

（二）案例分析题

阅读以下关于企业应用集成的叙述，回答问题1至问题3。

某软件公司承担了某大型企业应用系统集成任务，该企业随着信息化的进展，积累了许多异构的遗产信息系统，这些系统分别采用 J2EE、.NET 等技术进行开发，分布在不同的地理位置，采用不同的协议进行数据传输。企业要求集成后的系统能够实现功能整合，并在组织现有功能的基础上提供增值服务。为了按时完成任务，选择合适的企业应用集成方法和架构非常重要。项目组在讨论方案时，提出了两种集成思路。

（1）刘工建议采用传统的应用集成方法，将应用集成分为多个层次，并采用消息代理中间件连接遗产系统。

（2）王工建议采用基于 SOA 的方法进行应用集成，将现有遗产系统采用 Web Service 的方式进行包装，暴露统一格式的接口，并采用企业服务总线（ESB）进行连接。

项目组仔细分析比较了两种方案的优点和不足后，认为刘工和王工的建议都合理，但是结合当前项目的实际情况，最后决定采用王工的建议。

【问题 1】

请分析比较两种方案的优点和不足，完成表 1-1 中的空白部分。

表　1-1

考虑因素	集成方案	
	刘工建议的集成方案	王工建议的集成方案
拟采取的集成方法	涉及不同的集成层次，集成方法复杂多样	（1）
对企业集成需求的符合程度	（2）	强调功能的暴露与服务的组合，便于提供增值服务
集成系统体系结构	（3）	基于总线结构的体系结构，系统的耦合度低
集成系统的可扩展性	遗产系统集成方法多样，系统耦合度高，可扩展性较差	（4）

【问题 2】

针对该企业的集成实际情况，请用 200 字以内的文字叙述王工建议中的企业服务总线（ESB）应该具有的基本功能。

【问题 3】

王工的方案拟采用 Web Service 作为基于 SOA 集成方法的实现技术。请根据该系统的实际情况，用 300 字以内的文字说明系统应该分为哪几个层次，并简要说明每个层次的功能和相关标准。

（三）论文题

论信息系统的可行性分析

可行性是对开发一个信息系统的收益的度量，可行性分析是度量可行性的过程，它是一种在生命周期的各个检查点上进行的可行性评估。在任何一个检查点，项目都可以被取消、修改或者继续。可行性分析首先在范围定义阶段进行，然后在问题分析阶段深入，最后的决策分析活动可以从众多可能的实现中选择一个作为系统设计的目标。

请围绕"信息系统的可行性分析"论题，依次从以下 3 个方面进行论述。

（1）概要叙述你参与管理、分析的信息系统项目以及你所担任的主要工作。

（2）论述主要的可行性评价准则和你进行信息系统可行性分析的主要内容。

（3）论述你如何从多个候选方案中选择最佳建设方案，该方案实施后是否达到了预期目标。